Ponniah Sivarajah

Produção e comercialização de leite em pequenas explorações leiteiras no leste do Sri Lanka

AF301677

Ponniah Sivarajah

Produção e comercialização de leite em pequenas explorações leiteiras no leste do Sri Lanka

Uma perspetiva social e económica das explorações de gado bovino e búfalo

ScienciaScripts

Imprint
Any brand names and product names mentioned in this book are subject to trademark, brand or patent protection and are trademarks or registered trademarks of their respective holders. The use of brand names, product names, common names, trade names, product descriptions etc. even without a particular marking in this work is in no way to be construed to mean that such names may be regarded as unrestricted in respect of trademark and brand protection legislation and could thus be used by anyone.

Cover image: www.ingimage.com

This book is a translation from the original published under ISBN 978-620-2-01351-2.

Publisher:
Sciencia Scripts
is a trademark of
Dodo Books Indian Ocean Ltd. and OmniScriptum S.R.L publishing group

120 High Road, East Finchley, London, N2 9ED, United Kingdom
Str. Armeneasca 28/1, office 1, Chisinau MD-2012, Republic of Moldova, Europe
Printed at: see last page
ISBN: 978-620-7-67665-1

Índice

Chapter 1

Panorama da produção leiteira

1.1 Criação de gado leiteiro no Sri Lanka

A criação de gado leiteiro é predominantemente uma atividade agrícola mista de pequenas explorações agrícolas e pecuárias. Os agricultores alimentam os seus animais principalmente com gramíneas naturais disponíveis em terrenos comuns, tais como bermas de estradas, margens de caminhos-de-ferro, arrozais em pousio, leitos de tanques e outros terrenos baldios, todos mantidos em condições de alimentação à chuva (Relatório da Subcomissão Presidencial, 1997). Este sistema de produção no país pode ser classificado em quatro subsistemas principais, que são a zona montanhosa, a zona média, o triângulo dos coqueiros, a zona seca da zona baixa e a zona húmida da zona baixa (Ministério do Desenvolvimento Pecuário e da Indústria Rural, 1995).

Uma das políticas de pecuária do governo é desenvolver a criação de gado e a produção de leite através da implementação de programas de reprodução. Assim, o principal objetivo do governo é produzir localmente todas as necessidades de leite e de alimentos lácteos do Sri Lanka, através da reprodução cruzada do atual efetivo de gado e da introdução de gado cruzado. Além disso, manter a taxa de crescimento anual da produção nacional de leite em 8%, aumentar a recolha diária de leite, aumentar o efetivo bovino, aumentar os produtos à base de leite, lançar um programa de distribuição de leite a nível das divisões e dos municípios para aumentar o consumo de leite fresco, aumentar o investimento do sector privado na criação de gado e aumentar a investigação sobre a indústria do gado.

A zona seca abrange os distritos das províncias do Centro-Norte, Norte e Leste e partes das províncias do Centro, Sul e Noroeste. O gado indígena, o gado zebu e os cruzamentos, os búfalos podem ser vistos nesta área e alimentam o animal principalmente através do pastoreio livre de grandes rebanhos de tipo nómada ou sedentário[1] de pequenos e médios rebanhos. O tamanho do rebanho é muito grande em comparação com outras zonas de produção no Sri Lanka, que varia de poucos a 10-25 animais. Uma vaca na zona seca produz uma média de 2,1 litros/dia e um total de 300400 litros/vaca num período de lactação de 180-200 dias (Ranaweera e Attapattu, 2006). De acordo com a tendência da produção de leite ao longo dos meses de um ano, o período de pico é representado por janeiro até ao início de março, seguido do período de carência de abril a junho e de um ligeiro aumento no final de julho a setembro, seguido do período de carência de outubro a dezembro no distrito de Batticaloa.

---

1 Os animais só podem pastar em zonas próximas durante um curto período. É maioritariamente adotado no sistema de gestão semi-intensivo.

Um inquérito a nível provincial aos agregados familiares produtores de leite mostrou que apenas cerca de 15% era consumido pelo agregado familiar produtor e 78% da produção era vendida na forma líquida, com 6% a ser transformada em coalhada e uma pequena quantidade, menos de 1%, a ser transformada em iogurte. A maior parte do leite de vaca era vendida a centros de recolha (46%) e o resto era dividido entre outras famílias (20%) e colectores privados (22%) (Ibrahim, 2000).

1.2 Indústria de lacticínios na Província Oriental

A criação ou manutenção de bovinos e búfalos nas suas casas para produção de leite é uma atividade tradicional e imemorial entre as comunidades rurais da Província Oriental. A maior parte do gado puro[2] (>89%) e dos búfalos (>84%) são de raças locais, que se concentram nos distritos de Batticaloa e Ampara.

Tabela 1.1: População pecuária por distrito na Província Oriental-2012

Distrito	Gado puro		Búfalo	
	Raça cruzada	Local	Raça cruzada	Local
1. Trincomalee	9,050	80,850	2,420	18,190
2. Batticaloa	19,119	101,399	12,514	50,067
3. Ampara	6,129	102,146	7,262	49,157
Total	**34,298**	**284,395**	**22,196**	**117,414**

(Fonte: Statistical Handbook-2012, EPC)

A maior parte das explorações leiteiras são constituídas por grandes manadas de gado bovino e búfalo, sob sistemas de gestão extensivos de pastagem aberta. Estas manadas de animais são muito raramente alimentadas com alimentos concentrados ou gramíneas cortadas. Consequentemente, a produtividade leiteira dos animais é baixa, variando entre 0,918 litros/vaca/dia (em Ampara), 0,869 litros/vaca/dia (em Batticaloa) e 1,423 litros/vaca/dia (em Trincomalee); e entre 1,192 litros/búfalo/dia (em Ampara), 0,791 litros/búfalo/dia (em Trincomalee) e 1,880 litros/búfalo/dia (em Trincomalee).

Existem cerca de 49.434 famílias que criam gado puro e 10.413 famílias que criam búfalos na Província Oriental (PE). A maioria dessas famílias de produtores de leite está localizada nos distritos de Batticaloa e Trincomalee. As pequenas explorações leiteiras com menos de 25 animais estão normalmente presentes na PE, e o número de famílias de agricultores nesta categoria varia entre 39.114 (para gado puro) e 7.122 (para búfalos) (EPC, 2012).

---

2 As raças autóctones ou tradicionais de bovinos criados para a produção de leite.

3

Chapter 2

Metodologia do estudo

2.1 Recolha de dados

Para realizar o estudo de campo em ambos os distritos de Batticaloa e Trincomalee, foram mantidas discussões com vários funcionários ligados às instituições governamentais que lidam com a indústria pecuária, empresas do sector privado e organizações comunitárias locais. Foram estudadas publicações e documentos das instituições e organizações e recolhida informação secundária relacionada com as actividades de produção leiteira.

Os dados primários foram recolhidos utilizando um questionário estruturado pré-testado nas áreas de estudo entre pequenos produtores de leite seleccionados aleatoriamente nas suas residências, durante os meses de outubro e novembro de 2009. No terreno, foram também realizadas discussões com informadores-chave identificados sobre a natureza da produção leiteira nas zonas visitadas.

2.2 Descrição das áreas de estudo

2.2.1 Distrito de Batticaloa -Antecedentes

O distrito situa-se na parte central da Província Oriental e está rodeado pelos distritos adjacentes de Ampara, Polonnaruwa e Trincomalee nas fronteiras sul, ocidental e norte, respetivamente, e pelo Oceano Índico na margem oriental. É coberta por terrenos ondulados e planos, nos quais a principal atividade de subsistência é a agricultura, a criação de gado e a pesca na faixa costeira. O principal centro de serviços urbanos é a cidade de Batticaloa. A zona do DS de EravurPattu concentra uma grande população de gado puro, enquanto a zona do DS de Vavunathivu tem mais búfalos (Quadro 2.1).

Tabela 2.1: População leiteira (bovinos e búfalos) - Distrito de Batticaloa 2008

S.N.	Gama VS	D.S.Divisão	Gado puro		Búfalos	
			Cruz	Local	Cruz	Local
1	Batticaloa	Manmunai Norte	3120	1338	-	68
2	Vavunathivu	Vavunathivu	7540	8455	3400	19290
3	Kathankudy	Kathankudy	300	510	-	12
4	Arayampathi	Arayampathi	500	2500	-	103
5	Kaluwanchikudy	Kaluwanchikudy	550	7025	290	1050
6	Kokkadichicholai	Padipalai/M.S.W	300	12000	650	7000
7	Thumbamkerney	Vellaveli	160	13753	650	6750
8	Eravur	Cidade de Eravur	132	655	11	11
9	Chenkalady	Eravurpattu	1036	32286	6060	9875

10	Valaichchenai	K.P.Central	826	3303	148	260
		Koralaipattu	432	1814	39	146
11	Oddamavady	KoralaiPattu Oeste	308	1432	118	437
12	Vaharai	K.P.Norte	1473	7850	86	360
13	Kiran	K.P.Sul	2442	8478	1062	4705
Total			**19,119**	**101,399**	**12,514**	**50,067**

(Fonte: Departamento de Saúde e Produção Animal e Divisão de Planeamento, Batticaloa; 2008)

Tabela 2.2: Fornecimento de leite e produtos lácteos - Distrito de Batticaloa 2008

S.N.	Gama VS	D.S.Divisão	Leite cru (litros/dia)		Outros produtos (litros/dia)		
			Vaca	Búfalo	Requeijão	Ghee	Iogurte
1	Batticaloa	Manmunai Norte	6525	-	-	-	-
2	Vavunathivu	Vavunathivu	14240	8510	3490	20	575
3	Kathankudy	Kattankudy	200	-	-	-	-
4	Arayampathi	Arayampathi	303	-	-	-	-
5	Kaluwanchikudy	Kaluwanchikudy	1595	555	600	-	-
6	Kokkadicholai	Paddipalai/M. S.W	2480	1520	200	-	-
7	Thumbamkerney	Vellaveli	3600	2350	2475	175	-
8	Eravur	Cidade de Eravur	927	12	3800	-	-
9	Chenkalady	Eravurpattu	7460	3733	1500	-	-
10	Valaichchenai	K.P.Central	465	155	1240	06	-
		Koralaipattu	1204	171	955	-	-
11	Oddamavady	K.P. West	1774	471	845	85	320
12	Vaharai	K.P.Norte	1103	392	3200	03	-
13	Kiran	K.P.Sul	2383	497	1825	-	-
Total			**44,259**	**18,366**	**20,130**	**289**	**895**

(Fonte: Divisão de Planeamento, EPC, 2009)

Tabela:2.3 Produtos lácteos: Consumo e comercialização - Distrito de Batticaloa, 2008

D.S. Divisão	Leite (litros/dia)				Requeijão (Lit/dia)		Ghee (Lit/dia)	
	Utilização doméstica	Volume de leite nas vendas locais	Fornecimento à Coop.	Fornecimento à CC	Utilização local	Vendas para outras áreas	Utilização local	Vendas para outras áreas
1. Manmunai Norte	1300	4900	325	-	420	-	10	-
2. Vavunathivu	3500	10975	3000	5275	3490	-	20	-
3.Kathankudy	90	110	-	-	50	30	05	05
4. arayampathi	205	98	-	-	100	25	10	-
5 .Kaluwanchikudy	500	1500	-	150	275	325	-	-
6 Paddipalai/MSW	1500	500	2000	-	150	50	-	-

7.Vellaveli	1500	950	-	3500	675	1800	50	125
8. cidade de Eravur	240	699	-	-	3800	-	-	-
9. Eravurpattu	1572	1599	8022	-	1500	-	-	-
10.K.P.Central	80	140	250	150	150	100	15	15
11. Koralaipattu	375	650	100	250	230	155	12	10
12,K,P.West	450	400	855	540	240	785	20	50
13.KP.Norte	200	150	200	945	80	250	10	25
14.K.P.Sul	840	980	520	540	580	510	15	40
Total	12,352	23,651	15,272	11,350	11,740	4,030	167	270

(Fonte: Divisão de Planeamento, EPC, 2009)

Como mostram os quadros 2.2 e 2.3, dos 62.600 litros de leite produzidos por dia no distrito de Batticalao, apenas cerca de 16.200 litros de leite (25,89%) são utilizados para a produção de produtos lácteos de valor acrescentado, como coalhada, ghee e iogurte. O consumo doméstico é também muito baixo, com 12 350 litros/dia (19,7% da produção). Há margem para aumentar a produção de produtos lácteos de valor acrescentado e para aumentar o consumo doméstico de leite.

Tabela:2.4 Produtos lácteos: Consumo e comercialização - Distrito de Trincomalee, 2008

S.N o	D.S.Divisão	Leite (Lit/dia)				Requeijão (Lit/dia)		Ghee (Lit/dia)
		Como utilizar	Volume de leite nas vendas locais	Fornecimento à Cooperativa	Fornecimento a organizações de comercialização de leite	Consumo local	Vendas a outros distritos/ províncias	Consumo local
1	Cidade e sepulturas	1500	2400	25	25	-	-	-
2	Kuchchaveli	250	250	-	450	100	-	-
3	Thampalakam am	200	500	150	300	250	500	-
4	Kantalai	300	3800		2400	1300	1500	20
5	Muthur	50	60	75	1800	3000	-	50
6	Echchilampat hai	120	125	130	1200	1500	-	10
7	Serunuwara	30	75	25	10	300	-	05
8	Padavisripura	750	150	700	600	-	-	-
9	Morawewa	750	150	600	600	100	-	-
10	Gomarankada vela	800	100	500	400	150	-	-
11	Kinniya	250	600	160	300	250	500	-
Total		5000	8210	2365	8085	6950	2500	85

(Fonte: Divisão de Planeamento, EPC, 2009)

2.1.2 Distrito de Trincomalee - Antecedentes

O distrito situa-se na parte norte da Província Oriental e está rodeado pelos distritos adjacentes de

Mullaithivu, Polonnaruwa e Batticaloa nas fronteiras norte, ocidental e sul, respetivamente, e pelo Oceano Índico na margem oriental. É coberta por terrenos ondulados e planos, nos quais a principal atividade de subsistência é a agricultura, a criação de gado e a pesca. O principal centro de serviços urbanos é a cidade de Trincomalee.

Tabela 2.4: População leiteira (gado bovino e búfalo) - Distrito de Trincomalee 2008

S.N.	Gama VS	D.S.Divisão	Gado puro		Búfalo	
			Cruz	Local	Cruz	Local
	Trincomalee					
1	Trincomalee	Cidade e sepulturas	2700	5550	50	950
2	Kuchchaveli	Kuchchaveli	350	6400	500	1250
3	Thampalakamam	Thampalakamam	250	2650	150	1850
4	Kantalai	Kantalai	1800	19700	250	3150
5	Muthur	Muthur	1400	14291	100	2900
		Eachchilampathai	800	6300	800	840
6	Serunuwara	Serunuwara	1000	1284	250	950
7	Padavisripura	Padavisripura	120	6880	60	1380
8	Morawewa	Morawewa	200	7300	80	1520
9	Gomarankadavela	Gomarankadavela	220	7780	100	1580
10	Kinniya	Kinniya	210	2715	80	1820
Total			**9,050**	**80,850**	**2,420**	**18,190**

(Fonte: Departamento de Produção e Saúde Animal, Trincomalee, 2009)

A maior parte do gado puro e dos búfalos concentra-se nas zonas de Kanthalai e Muthur DS do distrito de Trincomalee. Além disso, a maioria dos bovinos e búfalos são de raças autóctones locais de baixa produtividade leiteira.

Tabela 2.5: Produção de leite e produtos lácteos - Distrito de Trincomalee -2008

S.N.	Gama VS	D.S.Divisão	Leite (Lit/dia)		Outros produtos (Lit/dia)		
			Vaca	Búfalo	Requeijão	Ghee	Iogurte
1	Trincomalee	Cidade e sepulturas	3300	650	25	-	25
2	Kuchchaveli	Kuchchaveli	500	450	100	-	200
3	Thampalakamam	Thampalakamam	600	550	800	100	50
4	Kantalai	Kantalai	4000	2500	2500	30	5000
5	Muthur	Muthur	1000	985	515	5	-
		Cadachalampathai	1000	575	400	5	-

6	Serunuwara	Serunuwara	100	40	90	-	30
7	Padavisripura	Padavisripura	1800	400	30	-	20
8	Morawewa	Morawewa	1500	600	100	50	100
9	Gomarankadavela	Gomarankadavela	1300	500	150	40	150
10	Kinniya	Kinniya	310	1000	800	200	100
Total			**15,410**	**8,250**	**5,510**	**430**	**5,675**

(Fonte: Dept. of Animal Production & Health, Trincomalee, 2009)

Cerca de 23 660 litros de leite cru são produzidos diariamente no distrito de Trincomalee, sendo também produzida uma grande quantidade de coalhada e iogurte. Kanthalai é muito famosa pela sua produção de coalhada de qualidade, e grande parte dela é vendida para outras zonas.

2.2 Conceção da investigação

2.2.1 Metodologia

A abordagem utilizada na recolha de dados de campo e na realização do inquérito de base aos pequenos produtores de leite é descrita na Figura 01 abaixo. Os pequenos produtores de leite são definidos neste inquérito como os produtores de leite com menos ou igual a 20 bovinos ou búfalos na sua posse. Este número de 20 animais por agricultor foi sugerido pelos cirurgiões veterinários distritais de Batticaloa e Trincomalee. Os produtores de lcitc foram seleccionados aleatoriamente em cada local que se enquadrava na categoria acima referida de pequeno agricultor (< 20 animais/agregado familiar). A equipa do inquérito também discutiu com informadores-chave nas aldeias, como o chefe da aldeia, os responsáveis pelo desenvolvimento da pecuária e os responsáveis pelo desenvolvimento de Samurdhi, para recolher informações qualitativas sobre a produção de leite em geral nas áreas visitadas.

2.2.2 Áreas de inquérito e calendário

As áreas de levantamento de campo foram pré-determinadas e identificadas pelos oficiais de Land O'Lakes, que comunicaram o facto ao chefe da equipa de levantamento. Os distritos, as Divisões DS e as áreas GN identificadas estão listadas nas Tabelas 2.6 a 2.8 abaixo. A maioria das áreas de estudo está confinada ao distrito de Batticaloa e a algumas áreas nos distritos de Trincomalee e Polonnaruwa (ver Apêndice 6). O calendário para a realização do inquérito no terreno e a preparação do relatório final do estudo de base foi de meados de setembro a novembro de 2009.

2.2.3 Dimensão da amostra e seleção dos produtores de leite

A dimensão total da amostra a utilizar para o inquérito de campo foi estimada estatisticamente com base na população leiteira e nos agregados familiares envolvidos (ver Apêndice 5). Um tamanho total de amostra de 310 produtores de leite foi determinado para o inquérito de campo. Mas o tamanho real da amostra selecionada para o estudo foi de 350 nos três distritos. Os pequenos produtores de leite foram seleccionados aleatoriamente nas aldeias, conforme identificado pelo LDO ou pelo chefe da aldeia. Tanto os criadores de gado como os criadores de búfalos foram seleccionados para participar no inquérito de campo.

2.2.5 Recolha e análise de dados

Foi elaborado um questionário para recolher as informações pertinentes junto dos produtores de leite. O questionário foi pré-testado em 3 locais (Kiran, Valaichchenai e Jayantiyaya) antes de ser utilizado para o inquérito propriamente dito. Os enumeradores de campo foram designados para recolher dados utilizando o questionário, realizando entrevistas directas com os agricultores nas suas casas. Os questionários preenchidos foram verificados quanto a erros e questões não preenchidas, tendo sido efectuada uma limpeza antes da codificação das respostas para a introdução de dados. O software SPSS 12v. foi utilizado para a análise estatística.

Figura 01: Entrevista com um produtor de leite no distrito de Trincomalee

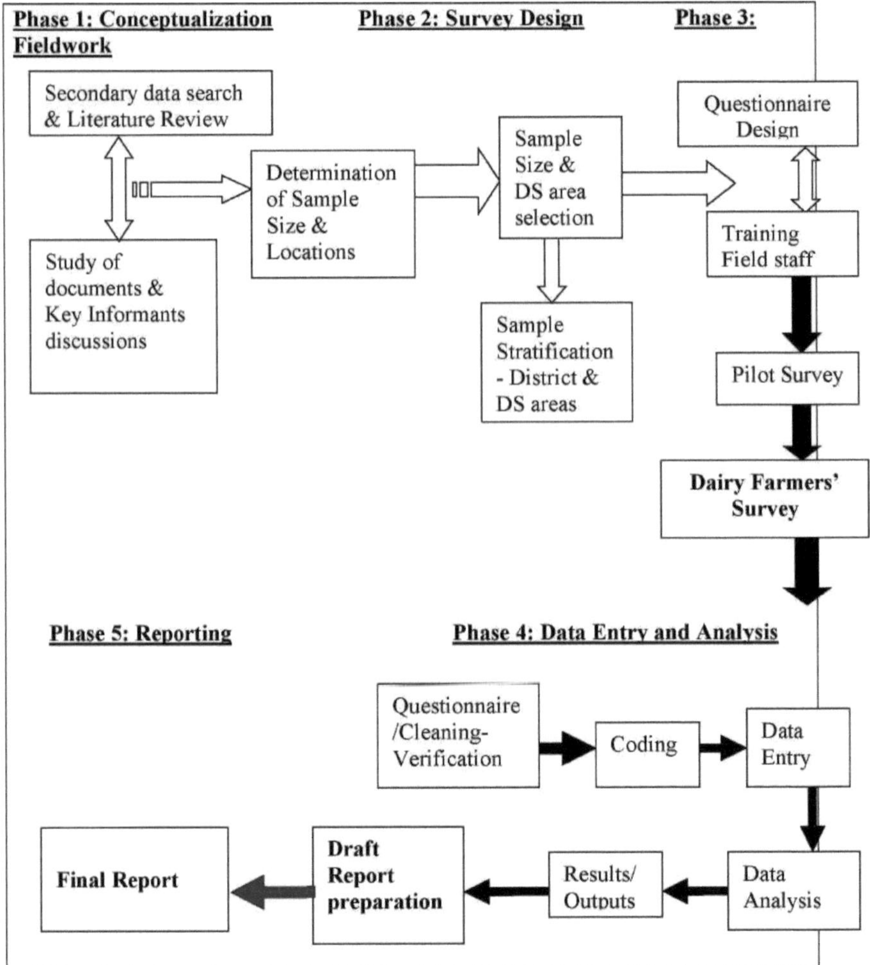

Figura 01: Quadro do inquérito de campo

As entrevistas foram a principal fonte de informação reflectida no presente relatório. Foi inquirido um total de 316 inquiridos nos distritos de Batticaloa (242), Trincomalee (56) e Polonnaruwa (18). Os inquiridos foram entrevistados nas suas casas tradicionais através de uma série de entrevistas directas à comunidade. Os inquiridos responderam a um conjunto de perguntas concebidas de forma conversacional para evitar a técnica de perguntas e respostas que as comunidades rurais desconfiam.

Os dados primários recolhidos foram depois analisados e confirmados utilizando dados secundários de estudos anteriores nesta área e de relatórios relevantes. O inquérito foi realizado nas áreas distritais de Batticaloa e Trincomalee (detalhes no Quadro 2.6). O trabalho de inquérito foi realizado em seis áreas do Secretariado Divisional (DS) do distrito de Batticaloa, nomeadamente KoralaiPattu Norte, KoralaiPattu Sul, KoralaiPattu Central, KoralaiPattu Oeste, EravurPattu e KoralaiPattu; enquanto no distrito de Trincomalee o inquérito foi realizado em três áreas do Secretariado Divisional de Eachalampattai, Muthur e Kanthalai; mas foi principalmente confinado a aldeias onde se concentravam os produtores de leite e a população bovina. A distribuição da amostra selecionada por distrito é apresentada no quadro 2.6.

Quadro 2.6: Distribuição da dimensão da amostra por distrito

Distrito	Frequência	Percentagem
1. Batticaloa	242	76.6
2. Trincomalee	56	17.7
3. Polonnaruwa	18	5.7
Total	316	100.0

A distribuição da dimensão da amostra acima referida baseia-se na aplicação da técnica de amostragem proporcional ao número total de pequenos produtores de leite nos distritos (exceto Polonnaruwa, onde foi selecionada uma amostra aleatória de 18 agricultores por conveniência).

Quadro 2.7: Distribuição da dimensão da amostra por divisões da DS

Divisão DS	Frequência	Percentagem
1. Manmunai Oeste	124	39.2
2. Eravurpattu	67	21.2
3. Koralaipattu Central	14	4.4
4. Koralaipattu Norte	17	5.4
5. Koralaipattu Sul	20	6.3
6. Kantalai	19	6.0
7. Muthur	12	3.8
8. Verugal	25	7.9
9. Welikanda	18	5.7
Total	316	100.0

Uma vez que a zona de Manmunai West (DS de Vavunathivu) tinha uma população leiteira elevada e potencial para melhorar a produção de leite, foi selecionada propositadamente uma maior proporção da amostra nessa zona. Em todas as outras divisões da DS acima enumeradas, a dimensão da amostra foi selecionada com base na proporção de famílias de pequenos produtores de leite aí residentes.

A distribuição do tamanho da amostra nos diferentes distritos, divisões DS e aldeias é mostrada na Tabela 2.8 abaixo. O número de produtores de leite seleccionados e entrevistados em cada área de

GN/aldeia foi ligeiramente maior para captar a variabilidade presente. Um maior número de áreas de GN e aldeias foram inquiridas nas áreas de Manmunai West e Eravur-Pttu DS do distrito de Batticaloa, e na área de Eachchalalampatttai DS do distrito de Trincomalee.

Chapter 3

Conclusões do inquérito no terreno

Os resultados do inquérito aos pequenos produtores de leite são apresentados a seguir. A análise é dividida por género, áreas geográficas, sistema de produção, grupos étnicos; épocas de baixa e alta, sempre que possível com os dados disponíveis.

3.1 Dados demográficos dos agregados familiares por divisões do secretariado

A idade média, o nível de escolaridade e a dimensão da família dos produtores de leite são apresentados no Quadro 3.1. A idade média, a dimensão da família e os anos de escolaridade variaram entre 39 e 43 anos, 3,67 e 4,89 membros e 2,56 e 4,9 anos, respetivamente.

Quadro 3.1: Dados demográficos dos agregados familiares por divisões do Secretariado da Divisão (Meios)

Divisão DS	Idade (anos)	Dimensão da família (N.º)	Nível de ensino (anos de escolaridade)
1. Manmunai Oeste	43.96	4.35	4.90
2) Eravurpattu	41.18	3.85	4.39
3. Koralaipattu Central	40.71	4.29	5.14
4. Koralaipattu Norte	39.94	4.18	3.24
5. Koralaipattu Sul	39.70	4.75	2.55
6. kantalai	44.47	4.95	7.89
7.Muthur	47.33	4.42	6.50
8. Verugal	39.04	4.76	4.88
9.Welikanda	40.28	3.67	5.50
Total (para toda a amostra)	42.29	4.29	4.84

Em geral, a idade média era de 42 anos, a dimensão da família de 5 membros e 5 anos de escolaridade.

3.2 Organizações de produtores de leite

Foram encontradas organizações de produtores de leite em todas as zonas de divisão DS estudadas. A maior parte destas organizações de produtores de leite funcionavam a uma escala reduzida e só estavam activas quando uma agência externa (uma ONG local ou uma ONGI) entrava na área com um programa de desenvolvimento de lacticínios a ser implementado nessa área. Apenas cerca de 27,5% dos agricultores inquiridos eram atualmente membros de cooperativas/organizações de produtores de leite.

Verificou-se que 91,1% dos agricultores inquiridos estavam interessados em tornar-se membros de qualquer organização relacionada com a produção de leite, a fim de obterem formação e melhores conhecimentos sobre a produção de leite. Os agricultores também afirmaram que a falta de uma organização forte de produtores de leite também estava a impedir o desenvolvimento da indústria de lacticínios nas áreas. Eles também consideraram que as organizações de produtores podem ajudar a trazer pessoas de fora para as áreas de desenvolvimento da produção leiteira.

Quadro 3.2: Lista das organizações de agricultores identificadas por zonas DS

Divisão D.S	Nome da organização de agricultores
1. Manmunai Oeste	Grupo de autogestão; Centro de recolha de leite na exploração; Centro de produção de leite MILCO; Karaiyakkanthivu Livestock Society, Live Stock Co-operative (5)
2. Eravurpattu	Centro de recolha de leite Milgro, Illupadichanai Kalnadai Abiviruthi Suya Paripalana sabai, FMMS Marapalam, Kalnadai Sangam, Marappalam Paal Saekarippu Sangham, Marapalam Palutpathi Suyaparipalana Sabai, Iluppadichenai Livestock Coop Society, MILCO (8)
3. Koralaipattu norte	Organização de comerciantes KPNorth (1)
4. Koralaipattu sul	Kiran Kalnadai Valarpu Kooturavu Sangham, Vakeneri Kalnadai Abiviruthi Sangham, centro de recolha de leite de Kavathamunai(3)
5. Kantalai	Kanthalai Farming Society, Nespray Milk Board (2)
6. Muthur	Centro de leite de Kantalai (1)
7. Verugal	Eachchalampattai Dairy Farmer Coop.(1)
	Organização de Produtores de Leite de Eachchalampattai (1)

Nota: o número de organizações (das respostas ao inquérito) apresentadas é indicado entre parêntesis

Estas organizações de produtores de leite ajudam na venda de leite e, em certa medida, na formação dos agricultores. A maioria das organizações de agricultores não está a funcionar de forma satisfatória para os agricultores.

3.3 Sistemas de produção de explorações leiteiras

Tipo de pastagem seguida

Os sistemas de produção de lacticínios praticados nos distritos de Batticaloa e Trincomalee são predominantemente do tipo "pastagem ao ar livre" (72%), com um nível mínimo de alojamento para os animais ou inexistente na maioria dos agregados familiares produtores de lacticínios. Apenas cerca de 23% dos agricultores tinham adotado o sistema semi-intensivo de criação de animais, principalmente para vacas cruzadas.

Quadro 3.3: Tipo de pastoreio seguido

Tipo de pastagem utilizada	Frequência	Percentagem
1. pastoreio zero (os animais leiteiros são totalmente alimentados pelo proprietário da queijaria)	9	2.8
2. ao ar livre (sem qualquer tipo de alimentação para os animais)	228	72.2
3. semi-intensivo (a alimentação é adoptada parcialmente)	74	23.4
4. outro sistema (quaisquer outras categorias das anteriores)	5	1.6
Total	316	100.0

Nota: a definição utilizada durante o inquérito sobre o tipo de pastagem é apresentada entre parêntesis.

Apenas cerca de 3% dos agricultores tinham adotado o sistema intensivo (sem pastoreio). Este facto deveu-se principalmente à falta de terra na posse dos agricultores.

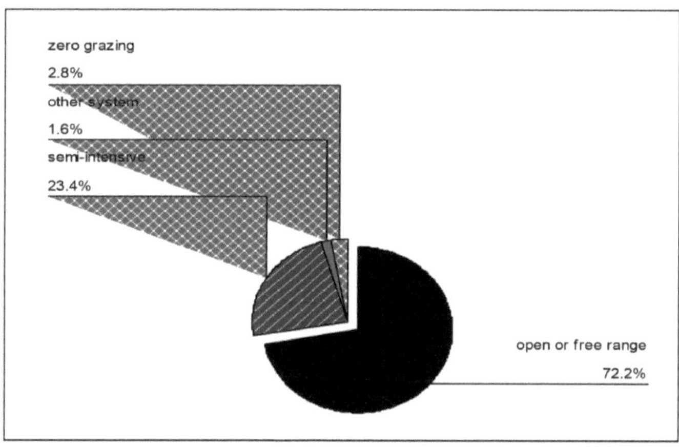

Fig.03: Tipo de sistema de pastoreio do efetivo leiteiro adotado

Fig.01: Estabulação do gado leiteiro

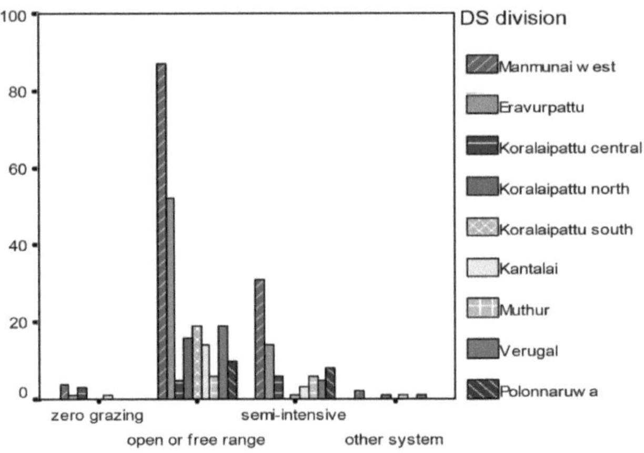

Fig.04: Tipos de pastoreio de animais leiteiros por divisão D.S

Tabela 3.4: Locais de pastoreio dos animais

Terras de pastagem	Frequência	Percentagem
1. em terras próprias	17	5.4
2. Em terras de familiares	21	6.6
3. Terrenos públicos Terrenos do Estado)	15	4.7

4. Pastoreio livre (onde quer que seja)	260	82.3
5. qualquer outro lugar	1	0.3
6. sem resposta	2	0.6
Total	316	100.0

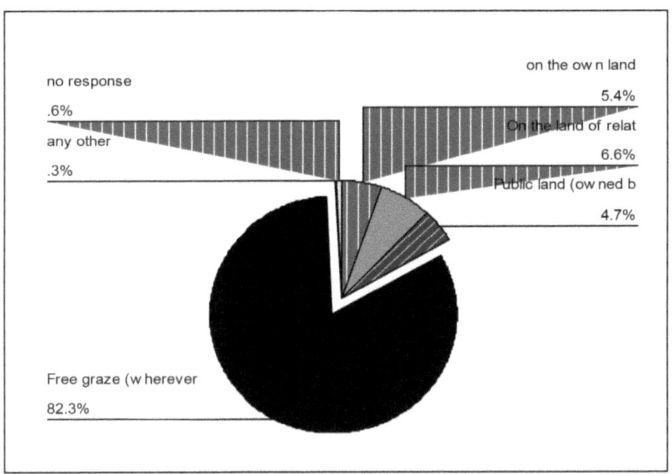

Fig.05: Locais de pastoreio de animais

A maioria dos agregados familiares enviou os seus animais para pastar em terras do Estado/governo, e alguns para terras de familiares. A disponibilidade de terras para pastagem é um problema muito grave no distrito de Batticaloa, devido ao cultivo de arroz na maior parte das terras e ao não acesso às terras do Estado por razões de segurança.

Quadro 3.5: Tipo de alojamento utilizado nas explorações leiteiras de pequenos agricultores

Tipo de habitação	Frequência	Percentagem
1. Não há alojamento previsto	15	4.7
2. Paddocking (um tipo específico de telheiro aberto)	209	66.1
3. Tethering (um tipo específico de galpão aberto)	42	13.3
4. barracão aberto (não fechado, mas com cobertura no teto)	29	9.2
5. barracão fechado (cobertura do telhado, paredes e estruturas do chão)	18	5.7
6. Utilização de pavilhões abertos e fechados	3	.9

Total	316	100.0

Nota: As definições utilizadas durante o inquérito sobre o tipo de alojamento são apresentadas entre parênteses.

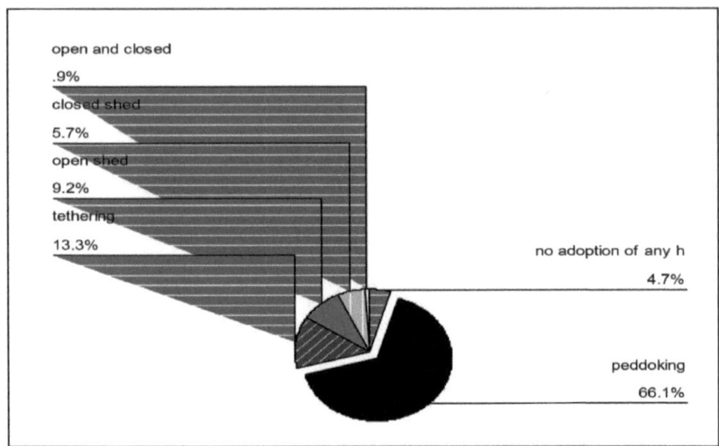

Fig.06: Tipo de habitação utilizada

Observou-se que o alojamento dos animais consistia principalmente em cercados (66%) ou amarrados (13,4%) nas zonas de estudo. Alguns agricultores (0,9%) utilizavam também estábulos abertos e fechados.

3.4 Raças e dimensão do efetivo por exploração familiar

Muitos dos inquiridos tinham gado leiteiro, enquanto alguns agregados familiares tinham tanto gado como búfalos. O tamanho médio do efetivo e as raças possuídas pelos agregados familiares nas áreas do Secretariado Divisional (SD) e nos Distritos estudados são apresentados nas Tabelas 3.8 e 3.9 abaixo. O tamanho médio do rebanho variou de 8 a 11 vacas indígenas por agregado familiar, 6 a 9 vacas cruzadas por agregado familiar, e 13 a 29 búfalos por família entre os agricultores da amostra.

Tabela 3.6: Tipo de raça e dimensão do efetivo por distrito (dimensão média do efetivo - N.ºs)

Distrito	Dimensão dos efectivos das raças tradicionais	Raças cruzadas Tamanho do efetivo	Dimensão do efetivo de búfalos
1. Batticaloa	10.79	9.42	29.81
2. Trincomalee	8.61	6.40	13.33
3. Polonnaruwa	0	6.78	0

| Total | 10.37 | 8.30 | 25.43 |

No caso das raças tradicionais/indígenas, a maior dimensão de efetivo foi observada na zona de Manmunai West (Vavunathivu DS), no distrito de Batticaloa (11,32 vacas/HH), e em Muthur, no distrito de Trincomalee (13,4 vacas/HH). No caso das vacas cruzadas, a maior dimensão de efetivo foi observada na zona de KP Central (Valaichchenai), no distrito de Batticaloa (11,08 vacas/HH), e em Kanthalai, no distrito de Trincomalee (9 vacas/HH).

Quadro 3.7: Tipo de raça, dimensão do efetivo por divisão D.S

Divisão DS	Estatísticas	Dimensão do efetivo tradicional	Dimensão dos efectivos de raças cruzadas	Dimensão do efetivo de búfalos
1. Manmunai Oeste	Média	11.32	6.08	25.38
2. Eravurpattu	Média	10.90	12.00	56.00
3. Koralaipattu Central	Média	9.00	11.08	0
4. Koralaipattu Norte	Média	7.87	10.00	27.00
5. Koralaipattu Sul	Média	9.74	0	64.00
6. Kantalai	Média	7.44	9.00	13.50
7. Muthur	Média	13.40	2.00	14.00
8. Verugal	Média	7.35	3.00	13.00
9. Welikanda	Média	0	6.78	0
Total	Média	10.37	8.30	25.43

Tabela 3.8: Tipo de raça e dimensão do efetivo por etnia

Etnia do proprietário da exploração leiteira	Dimensão do efetivo tradicional	Dimensão dos efectivos de raças cruzadas	Dimensão do efetivo de búfalos
1. Tamil	10.54	7.70	26.50
2. muçulmano	7.81	11.07	13.50
3. cingalês	0	6.78	0
Total	10.37	8.30	25.43

Os tâmeis possuíam mais gado indígena (10 vacas), enquanto os muçulmanos possuíam uma maior quantidade de gado cruzado (6 animais) e búfalos indígenas (17 animais).

3.4.1 Intervalo entre partos e período de lactação

O intervalo médio entre partos dos animais leiteiros foi de cerca de 12 meses (11,95 meses) em todas as áreas estudadas, mas variou de 10,9 a 12,2 meses. O período médio de lactação foi de cerca de 6 meses, mas também variou de 6 a 9 meses (Quadro 3.11). O parto ocorre frequentemente durante o mês de fevereiro ou março de cada ano.

Tabela 3.9: Intervalo entre partos e período de lactação (meses médios)

Combinação de raças de animais	Estatísticas	Intervalo entre partos em meses	Mês do início da ordenha	Mês de paragem da ordenha
1. raça autóctone	Média	12.17	2.19	8.06
2. raça cruzada	Média	10.91	2.05	9.00
3. búfalo	Média	12.00	1.67	8.50
Total	Média	11.95	2.15	8.24

3.4.2 Tecnologias de produção e práticas de gestão

A tecnologia de produção é principalmente indígena/tradicional, sendo as raças locais ou tradicionais criadas pela maioria dos agricultores. Alguns agricultores adaptaram-se à criação de vacas leiteiras cruzadas, enquanto a maioria dos búfalos são de raças autóctones. O pastoreio a céu aberto e o maneio dos animais a pé é a forma de gestão mais comum entre as famílias produtoras de leite.

As práticas de maneio também não estão muito modernizadas ou alteradas, com a maioria dos produtores de leite a utilizar os seus próprios conhecimentos tradicionais na criação dos animais. Embora tenham adotado a utilização de medicamentos veterinários modernos para controlar e curar doenças, esta utilização também é muito limitada devido à falta de acesso aos serviços veterinários por parte da maioria dos agricultores das aldeias remotas.

3.5 Volume de leite a nível da exploração

O volume de leite produzido por agregado familiar por dia durante o período de pico registou variações acentuadas entre as divisões DS estudadas, variando entre 7,26 litros/HH/dia em KP North (Vaharai, Batticaloa) e 28,6 litros/HH/dia em Welikanda (Polonnaruwa). Mas a produção média global de leite durante o período de pico foi de 14 litros/HH/dia.

Mas no distrito de Batticalao o maior volume de leite produzido por agregado familiar foi observado na área do DS de Koralaipattu Sul (Kiran) (40,80 litros/HH/dia). Isto deveu-se principalmente ao maior número de animais criados pelas famílias.

Quadro 3.10: Pico de produção de leite/agregado familiar/dia

Divisão DS	Produção média de leite (Lts./dia/HH)
1. Manmunai Oeste	11.51
2. Eravurpattu	13.03
3. Koralaipattu central	13.47
4. Koralaipattu norte	7.26
5. Koralaipattu sul	40.80

6. Kantalai	14.51
7. Muthur	11.25
8. Verugal	7.99
9. Welikanda	28.61
Total	14.49

3.5.1 Produção de leite por raça

A produção de leite por animal para animais autóctones e cruzados variou nas zonas de SD estudadas (Quadro 3.13). A produção média de leite por dia para as vacas indígenas/tradicionais foi de 2,077 litros e 0,718 litros por vaca durante os períodos de pico e de seca, respetivamente. O pico mais elevado (2,78 litros/vaca) e o período de carência (1,46 litros/vaca) de produção de leite do gado indígena registaram-se na zona de Kanthalai DS. No caso de Batticalao, os valores foram de 2,5 litros/vaca e 0,61 litros/vaca, respetivamente, na zona de Eravurpattu DS.

Quadro 3.11: Produção de leite por tipo de raça e estação do ano (litros/animal/dia)

3.6 Escoamento e comercialização do leite

O leite recolhido é vendido através de várias fontes (Quadro 3.14), das quais as mais comuns são os comerciantes (32%), os consumidores ao nível da aldeia (23%) e as cooperativas de lacticínios (19%). A comercialização do leite não era um constrangimento para os produtores de leite em todas as áreas estudadas. A maioria dos comerciantes e colectores de leite das aldeias visitam as explorações leiteiras para recolher o leite produzido diariamente. O leite recolhido é levado para Centros de Recolha de Leite (CCL) operados pelo MILCO em Illuppadichchenai, Kiran, Kathiraveli e Chenkalady no distrito de Batticalao; e em Kanthalai e Verugal no distrito de Trincomalee. As sociedades cooperativas leiteiras existentes em várias zonas do SD facilitaram a recolha de leite dos produtores de leite e o seu envio para os CCM acima referidos. O leite era levado para os CCM de bicicleta ou em auto-carros.

Quadro 3.12: Diferentes mercados de comercialização do leite produzido

Fontes de vendas de leite	Frequência	Percentagem
venda apenas a cooperativas (empresas Milco e Nestlae)	57	18.0
venda apenas a comerciantes (os intermediários que vinham de fora para recolher o leite e um número muito reduzido de proprietários de lacticínios)	94	29.7
venda apenas na aldeia (familiares e vizinhos nos arredores)	70	22.2
venda a cooperativas e aldeias	3	.9
venda a comerciantes e aldeias	6	1.9
Não vendeu (que apenas criam os animais leiteiros para consumo próprio	86	27.2

de leite e os proprietários mantêm um criador permanente a uma grande distância do seu local de residência atual)						
Total					316	100.0

Divisão DS	pico de produção leiteira das raças tradicionais	produção de leite magro da raça tradicional	pico de produção de leite da raça cruzada	produção de leite magro da raça cruzada	pico de produção de leite das búfalas	produção de leite magro de búfala
1. Manmunai Oeste	1.8653	0.7100	2.40	1.25	3.50	1.36
2. Eravurpattu	2.5277	0.8028	3.86	1.33	5.00	1.00
3. Koralaipattu central	-	-	5.18	4.00	-	-
4. Koralaipattu norte	1.6840	0.5793	3.00	-	2.00	1.00
5. Koralaipattu sul	2.0726	0.8083	-	-	23.00	-
6. Kantalai	2.7771	1.4578	3.67	1.67	10.00	6.50
7. Muthur	2.0750	1.0144	5.00	3.00	5.00	3.00
8. \Portugal	1.6978	0.7009	2.00	1.00	4.67	2.00
9. Welikanda	-	-	4.38	6.50	-	-
Média	2.0810	0.7782	3.98	2.68	5.29	2.05

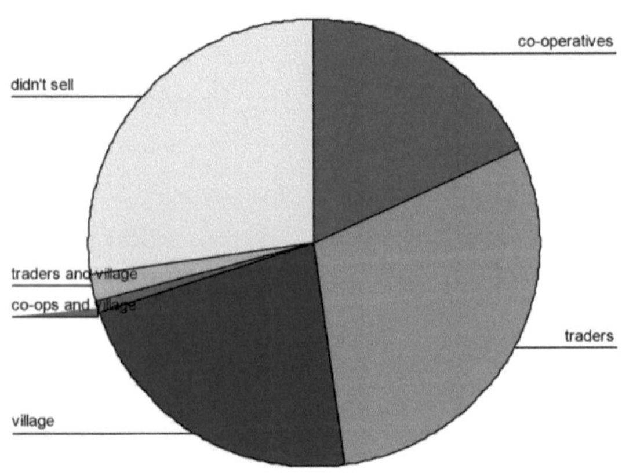

Fig.07: Tipo ou combinação de pontos de venda

3.5.2 Preço à saída da exploração por litro de leite

Quadro 3.13: Preços do leite em diferentes pontos de comercialização

Preços recebidos	Preço médio do leite (Rs./Lt)

1.preço nas cooperativas leiteiras	35.87
2. preço pago pelos comerciantes	29.45
3.preço nas lojas da aldeia	32.45

As cooperativas leiteiras pagavam o preço mais alto por um litro de leite (Rs.35.87) em comparação com as outras. Embora as cooperativas leiteiras pagassem um preço mais elevado por um litro de leite, apenas 19% dos agregados familiares lhes vendiam leite devido a problemas de transporte e acessibilidade na maioria das zonas estudadas.

Quadro 3.14: Preços do leite em diferentes pontos de venda por divisões DS (Rs./Litro)

Divisão DS	Preço médio nas cooperativas	Preço médio pago pelos comerciantes	Preço médio nas lojas da aldeia
1. Manmunai Oeste	31.94	30.43	28.41
2. Eravurpattu	31.38	22.06	24.89
3. Koralaipattu Central	40.00	31.67	47.50
4. Koralaipattu Norte	-	25.55	26.66
5. Koralaipattu Sul	44.17	30.62	33.33
6. Kantalai		31.83	38.81
7. Muthur	43.44	48.33	60.00
8. Verugal	37.80	33.67	42.00
9. Welikanda	38.44	-	30.71

Quadro 3.15: Preço médio do leite por litro por divisões DS

Divisão DS	Preço médio do leite (Rs./Litro)
1. Manmunai Oeste	30.22
2) Eravurpattu	26.06
3. centro de Koralaipattu	44.44
4. Koralaipattu norte	26.22
5. Koralaipattu sul	31.35
6. kantalai	36.19
7.Muthur	51.94
8. Verugal	37.56
9.Welikanda	35.40

3.7 Custo da produção de leite

A repartição distrital do custo de produção por animal/agregado familiar/mês é apresentada no Quadro 3.18. O custo de produção mais elevado foi incorrido pelos agricultores de Polonnaruwa (Rs.575.98); enquanto o custo mais baixo foi registado pelos agricultores do distrito de Batticaloa

(Rs.339.09). O custo total de produção por agregado familiar e por mês para o efetivo leiteiro mantido em média foi de 2881,13 rupias.

Quadro 3.16: Custo da produção de leite por distrito

Distrito	Custo total de produção/mês/hh (Rs.)	Custo de produção/animal/agregado/mês (Rs.)
1. Batticaloa	2875.37	339.09
2. Trincomalee	2727.70	364.80
3. Polonnaruwa	3376.11	575.98
Total	2881.13	358.70

O custo de produção ou as despesas por animal em cada mês, por divisão D.S., foram calculados, e foram em média Rs.358.70 por agregado familiar. Estas despesas destinavam-se principalmente ao pagamento de salários à mão de obra contratada para tratar dos animais durante os períodos de pastagem, e também, em certa medida, a medicamentos e rações (Quadro 3.19). Este valor era mais elevado na zona do PD KP Central (Valaichchenai) (629,63 rupias/animal/HH) devido ao elevado custo da mão de obra envolvida

Quadro 3.17: Custo da produção de leite por divisão D.S

Divisão DS	Custo total de produção/mês (Rs.)	Custo de produção/animal/agregado/mês (Rs.)
1. Manmunai Oeste	3411.48	422.12
2. Eravurpattu	1977.80	177.85
3. Koralaipattu Central	5205.00	629.63
4. Koralaipattu Norte	1376.36	257.84
5. Koralaipattu Sul	1025.71	98.13
6. Kantalai	2844.71	445.39
7. Muthur	4247.00	491.93
8. Verugal	1980.65	249.97
9. Welikanda	3376.11	575.98
Total	2881.13	358.70

3.8 Valor do leite a nível da exploração

O valor do leite produzido por agregado familiar por dia foi, em média, de 293,50 rupias por dia nas zonas de estudo. O valor mais elevado registou-se na zona de DS de Polonnaruwa (Welikanda), onde os animais eram vacas de raça cruzada, e o valor mais baixo foi de 174,5 rupias por agregado familiar/dia na zona de DS de Koralaipattu South (Kiran). No distrito de Batticaloa, o valor mais elevado do leite produzido foi registado na zona de Eravurpattu DS (307,51 rupias/HH/dia).

Quadro 3.18: Valor do leite produzido por agregado familiar/dia

Divisão DS	Período de pico rendimento dos lacticínios / agregado familiar / dia (Rs.)
1. Manmunai Oeste	296.23
2) Eravurpattu	307.52
3. centro de Koralaipattu	212.00
4. Koralaipattu norte	185.84
5. Koralaipattu sul (Kiran)	174.50
6. kantalai	232.34
7. Muthur	389.58
8. Verugal	245.46
9. Welikanda	580.72
Total	293.51

Quadro 3.19: Lucro/animal/mês por distrito

Distrito	Média (Rs.)
Batticaloa	1306.6670
Trinco	1369.3993
Polonnaruwa	1732.0433
Total	1344.7668

Quadro 3.20: Lucro/animal/mês por divisões D.S

Divisão DS	Média (Rs.)
Manmunai Oeste	1879.3874
Eravurpattu	463.7110
Koralaipattu central	1417.9694
Koralaipattu norte	1090.5227
Koralaipattu sul	172.2527
Kantalai	2018.2979
Muthur	2012.4487
Verugal	605.1779
Welikanda	1732.0433
Total	1344.7668

3.9 Rendimento familiar dos lacticínios

Os rendimentos diários do sector leiteiro das famílias são apresentados no Quadro 3.20 acima. É evidente que existem variações nos rendimentos obtidos com a venda de leite devido ao nível de produção e aos preços recebidos pelo leite cru vendido. O rendimento da venda de leite era apenas para um período de 6 a 9 meses do ano, e isto também dependia das condições climatéricas prevalecentes nas áreas.

3.9.1 Recetor do rendimento dos lacticínios a nível do agregado familiar

O rendimento dos lacticínios foi recebido pelas mulheres (37%) ou por ambos os sexos (21%) e, por vezes, não é muito específico quanto a quem se destina (Quadro 3.23).

Quadro 3.21: Recetor do rendimento dos lacticínios a nível do agregado familiar

Resposta sobre quem recebe o rendimento	Frequência	Percentagem
não recebia rendimentos do leite produzido em casa	47	14.9
Masculino	58	18.4
Feminino	117	37.0
por ambos os sexos	65	20.6
sem resposta	29	9.2
Total	316	100.0

3.9.2 Utilizações dos rendimentos do leite

Os quadros 3.22, 3.23 e 3.24 abaixo apresentam várias opções de despesas a três níveis diferentes nas áreas estudadas. Finalmente, o resumo dessas tabelas foi mostrado como um gráfico para 712 (316*3) respostas. Os rendimentos dos lacticínios foram utilizados para vários fins pelos agregados familiares, mas o principal objetivo foi a compra de produtos alimentares básicos (45,9%) para consumo diário. Apenas 4,4% dos agregados familiares compraram medicamentos para os animais a partir dos rendimentos do leite.

Quadro 3.22: Respostas sobre as opções de despesa (ao nível 1)

Utilizações	Frequência	Percentagem
Não há qualquer opção de despesa	47	14.9
Compra de géneros alimentícios de primeira necessidade	145	45.9
Compra de alimentos não básicos	10	3.2
Compra de bens domésticos	24	7.6
Educação/taxas escolares	17	5.4
Contas de água e eletricidade	1	.3
PoupançaZBanking	4	1.3
Insumos e utensílios agrícolas/agrícolas	9	2.8

Medicamentos para animais	14	4.4
Produtos de mercearia (por exemplo, sabão, açúcar, etc.)	8	2.5
Qualquer outro	2	.6
Sem resposta	31	9.8
Total	312	98.7
Em falta	4	1.3
Total	316	100.0

Quadro 3.23: Respostas sobre as opções de despesa (ao nível 2)

	Frequência	Percentagem
Não há qualquer opção de despesa	56	17.7
Compra de géneros alimentícios de primeira necessidade	30	9.5
Compra de alimentos não básicos	24	7.6
Compra de bens domésticos	54	17.1
Educação/taxas escolares	42	13.3
Contas de água e eletricidade	7	2.2
PoupançaZBanking	7	2.2
Viagens	2	.6
Insumos e utensílios agrícolas/agrícolas	7	2.2
Medicamentos para animais	20	6.3
Produtos de mercearia (por exemplo, sabão, pasta de dentes, açúcar, etc.)	26	8.2
Cuidados de saúde	4	1.3
Qualquer outro	1	.3
Sem resposta	31	9.8
Total	311	98.4
Em falta	5	1.6
Total	316	100.0

Quadro 3.24: Respostas sobre opções de despesa (ao nível 3)

	Frequência	Percentagem
Não há qualquer opção de despesa	87	27.5
Compra de géneros alimentícios de primeira necessidade	7	2.2

Compra de alimentos não básicos	7	2.2
Compra de bens domésticos	27	8.5
Educação/taxas escolares	9	2.8
Contas de água e eletricidade	4	1.3
Casamento	1	.3
PoupançaZBanking	44	13.9
Viagens	1	.3
Insumos e utensílios agrícolas/agrícolas	14	4.4
Medicamentos para animais	32	10.1
Produtos de mercearia (por exemplo, sabão, pasta de dentes, açúcar, etc.)	32	10.1
Cuidados de saúde	11	3.5
Qualquer outro	2	.6
Sem resposta	33	10.4
Total	311	98.4
Em falta	5	1.6
Total	316	100.0

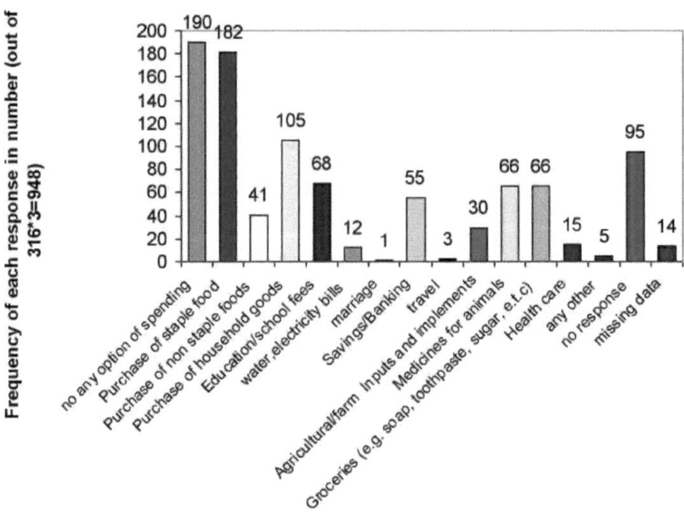

Figura 07: Utilização do rendimento dos lacticínios pelos agregados familiares

3.10 Prestadores de assistência e de formação

Muitos departamentos, agências e instituições do governo, bem como ONGs locais e internacionais, foram vistos a prestar vários tipos de assistência e formação às pessoas envolvidas na indústria leiteira. O Departamento de Produção e Saúde Animal tem prestado várias ajudas através dos seus gabinetes veterinários localizados em todas as áreas DS dos distritos estudados. Também se observou que ONGIs como a World Vision, People-In-Need (PIN), World Concern; e ONGs locais como a EUDA, RDS estão a ajudar os criadores de gado em grande medida, fornecendo animais, assistência financeira e ligações de comercialização de produtos lácteos.

3.10.1 Prestadores de serviços (serviços veterinários, IA, fornecimento de factores de produção, transporte e finanças)

O principal prestador de serviços aos produtores de leite nas áreas de estudo era o Departamento de Produção e Saúde Animal (DAPH), que, através dos seus gabinetes de cirurgiões veterinários localizados em vários locais em cada divisão da DS, tinha gabinetes de cirurgiões veterinários que prestavam serviços veterinários à indústria leiteira. A DAPH era também responsável pela prestação de serviços de Inseminação Artificial (IA) aos produtores de leite, embora estes não atingissem os níveis esperados devido à falta de meios de transporte e de técnicos de IA nos gabinetes dos VS. O procedimento de inseminação artificial só apresentava uma taxa de sucesso de 30 a 40% ao nível da exploração, pelo que a maioria dos produtores de leite mantém um touro reprodutor no seu efetivo.

O fornecimento de alimentos concentrados para o gado leiteiro era principalmente assegurado por empresas do sector privado e por comerciantes retalhistas em todas as zonas de SD estudadas. Os alimentos concentrados estavam disponíveis ao longo de todo o ano na maior parte dos pontos de venda a retalho nas cidades ou nas lojas das aldeias (como em Chenkalady, Vantharoomoolai e Batticaloa e também nos centros de atendimento veterinário destes locais especificados). Mas os preços dos alimentos para animais eram elevados e, por conseguinte, as quantidades adquiridas eram baixas. Os medicamentos veterinários eram fornecidos pelos serviços veterinários aos produtores de leite a preços razoáveis nas zonas dos SD estudadas. Também havia retalhistas privados que vendiam medicamentos veterinários a nível das aldeias. No entanto, o custo dos medicamentos era caro para a maioria dos agricultores e pode ser proibitivo para a sua utilização.

As instalações de transporte foram a caraterística mais carente nas áreas de GN estudadas, especialmente no distrito de Trincomalee e em algumas partes do distrito de Batticaloa. Os agricultores tinham que percorrer longas distâncias em bicicletas para chegar a um centro de serviços (escritório VS ou loja de retalho) para obter os serviços necessários. Os colectores de leite também tiveram de percorrer estradas em muito mau estado para transportar o leite recolhido nas aldeias para os centros de recolha de leite. As estradas de acesso aos mercados estão em muito mau estado na maioria das áreas de GN estudadas, devido à falta de manutenção. Este facto tem impedido os agricultores de adquirirem novos insumos e informação sobre a produção de leite.

As facilidades financeiras dos bancos estatais e do sector privado para a melhoria da indústria leiteira não são muito acessíveis aos pequenos produtores de leite, que não dispõem de conhecimentos e orientações suficientes para as utilizar ou obter. Por conseguinte, a maioria dos produtores de leite recorre a instituições financeiras privadas informais para obter empréstimos para melhorar a sua atividade leiteira. A maioria dos produtores queixa-se de que as taxas de juro são muito elevadas e as condições de reembolso também são rigorosas. Algumas organizações de produtores de leite estão a conceder empréstimos aos seus membros para melhorar as empresas leiteiras, mas o montante fornecido não é suficiente na maioria dos casos.

3.11 Emprego a nível das explorações agrícolas

Para a maioria (62%) dos produtores de leite, a criação de animais era uma ocupação secundária, enquanto o seu trabalho principal era o cultivo de arroz ou o trabalho contratado. A maioria dos produtores de leite recorria aos membros da sua própria família para a criação de vacas e búfalos.

Quadro 3.25: Se a atividade leiteira é a ocupação principal/secundária

	Frequência	Percentagem
sem resposta	8	2.5
atividade principal	112	35.4
atividade secundária	196	62.0
Total	316	100.0

A mão de obra contratada nas aldeias é utilizada por apenas 20% dos produtores de leite. A mão de obra era contratada principalmente para cuidar dos animais durante o pastoreio em terrenos abertos, e todos eles eram homens contratados. Estes homens contratados trabalhavam como leiteiros a tempo inteiro para algumas famílias produtoras de leite e como trabalhadores sazonais em algumas famílias. .

Os produtores de leite que contrataram mão de obra pagaram em dinheiro ou em géneros (Quadro 3.29). Os pagamentos em dinheiro para a mão de obra contratada variavam de Rs.2, 500 a Rs.3, 000 por mês para pastar os animais, trazê-los de volta ao paddock ou mantê-los em terrenos abertos na floresta ou em terras do Estado. Os salários em géneros eram principalmente pagos através do fornecimento do leite do animal durante o período em que cuidavam dos animais.

Quadro 3.26: Tipo de salário pago pela mão de obra contratada

Resposta sobre o tipo de salário	Frequência	Percentagem

salário em dinheiro	47	73.43
salário em espécie	17	26.56
Total	64	100.0

3.12 Desafios e oportunidades para a empresa de lacticínios

3.12.1 Desafios enfrentados na produção leiteira

Os produtores de leite enfrentam muitos desafios para continuar as suas actividades, que surgiram devido à situação de "conflito/guerra" nos últimos 30 anos e ao "Tsunami" de 2004. Ambos criaram um sério revés para a indústria leiteira na Província Oriental em geral, e afectaram muito severamente os pequenos produtores de leite com menos de 20 animais. Os quadros 3.30, 3.31 e 3.32 abaixo apresentam alguns dos problemas identificados nos níveis de GN estudados como obstáculos enfrentados pelos produtores de leite. Finalmente, o resumo dessas tabelas foi mostrado como um gráfico para 712 (316*3) respostas.

Quadro 3.27: Respostas sobre os problemas da produção leiteira (ao nível 1)

Respostas da lista sobre os problemas da produção leiteira	Frequência	Percentagem
Nenhum problema	4	1.3
Doenças dos animais	71	22.5
Má nutrição e gestão das pastagens	40	12.7
Pastagens limitadas	45	14.2
Acesso à água	46	14.6
Preço baixo do leite	4	1.3
Infra-estruturas deficientes (estradas, abastecimento de água, eletricidade)	3	.9
Serviços de apoio indisponíveis (veterinário, A.I.)	6	1.9
Financiamento indisponível (capital de exploração)	29	9.2
Custos elevados dos factores de produção	7	2.2
Custos laborais elevados	3	.9
Terras indisponíveis para a produção de alimentos para animais	11	3.5
Informação indisponível sobre os mercados	1	.3

31

Informações indisponíveis sobre questões de produção	4	1.3
Movimentação do gado durante o cultivo de arroz	33	10.4
A resposta foi "não sei	1	.3
Sem resposta	3	.9
Outros problemas não mencionados na lista	2	.6
Total	313	100.0

Tabela 3.28: Respostas sobre os problemas da produção leiteira (ao nível 2)

Respostas da lista sobre os problemas da produção leiteira	Frequência	Percentagem
nada problema	9	2.8
Doenças dos animais	26	8.2
Má nutrição e gestão das pastagens	52	16.5
Pastagens limitadas	63	19.9
Acesso à água	43	13.6
Técnicas de produção de leite deficientes	2	.6
Falta de mercado para o leite	4	1.3
Preço baixo do leite	20	6.3
Infra-estruturas deficientes (estradas, abastecimento de água, eletricidade)	7	2.2
Serviços de apoio indisponíveis (veterinário, A.I.)	11	3.5
Financiamento indisponível (capital de exploração)	31	9.8
Custos elevados dos factores de produção	7	2.2
Custos laborais elevados	3	.9
Terras indisponíveis para a produção de alimentos para animais	6	1.9
Informação indisponível sobre os mercados	1	.3
Informações indisponíveis sobre questões de produção	2	.6
Movimentação do gado durante o cultivo de arroz	13	4.1
a resposta foi "não sei	1	.3
sem resposta	9	2.8
outro problema não mencionado na lista	3	.9
Em falta	3	.9
Total	316	100.0

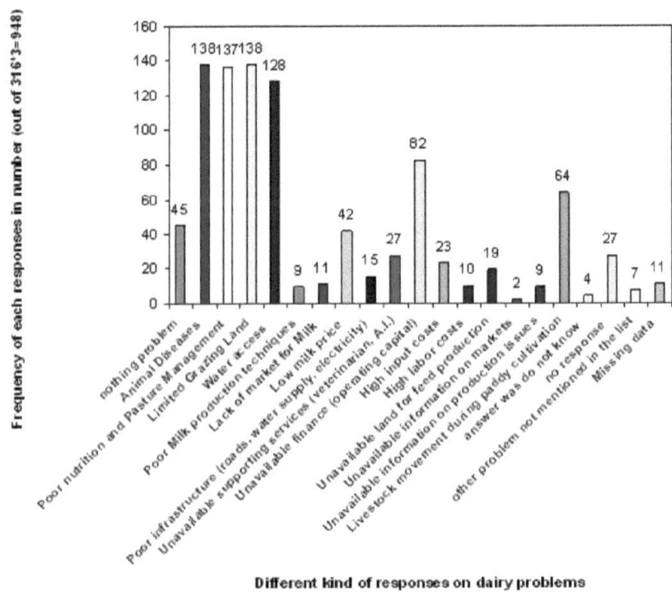

Figura 08: Problemas da produção leiteira enfrentados pelas pequenas explorações agrícolas

Como se pode ver nos quadros e gráficos acima, os desafios mais importantes enfrentados pelos produtores de leite nas áreas de GN estudadas são os problemas de doenças dos animais, o baixo nível de nutrição dos animais, a falta de pastagens para alimentar os animais, o acesso limitado a terras de pastagem, a acessibilidade e escassez de água durante os períodos de seca e a deslocação dos animais para outras áreas durante os períodos de cultivo.

Juntamente com as questões acima referidas, há também questões relacionadas com a política governamental que afectam a indústria de lacticínios gerida por pequenos agricultores. A política e os objectivos do governo em relação à indústria do gado, tal como consta do documento da Política Agrícola Nacional (2007), são os seguintes "*O principal objetivo é desenvolver a criação de gado para a produção de leite. Por conseguinte, o nosso principal objetivo é produzir localmente, no prazo de 10 anos, todas as nossas necessidades de leite e de alimentos lácteos, cruzando os actuais efectivos de gado e introduzindo gado cruzado. Manter a taxa de crescimento anual da produção nacional de leite em 8%, aumentar a recolha diária de leite, aumentar o efetivo pecuário, aumentar os produtos à base de leite, lançar um programa de distribuição de leite a nível das divisões e dos municípios para aumentar o consumo de leite fresco, aumentar o interesse do sector privado pela criação de gado e aumentar a investigação sobre a indústria pecuária e o leite*".

É evidente que a maioria dos objectivos se destina ao pequeno produtor de leite, em geral, mas a fraqueza surge devido ao facto de os programas que estão a ser implementados não chegarem ao pequeno produtor visado nas zonas rurais.

3.12.2 Oportunidades para as empresas de lacticínios

Existe um vasto potencial para explorar o enorme número de gado disponível na Província Oriental para o seu leite e outros produtos crus. Tanto as vacas como os búfalos estão espalhados pelos 3 distritos da província e têm potencial para fornecer uma maior quantidade de leite se a sua base genética for melhorada através de cruzamentos e da introdução de animais cruzados nas manadas.

A tecnologia de transformação do leite tem de ser introduzida nas zonas DS para desenvolver produtos de valor acrescentado, como a produção de iogurte, ghee, coalhada e manteiga, que atualmente se encontra em muito baixa escala. Atualmente, está a ser utilizada tecnologia tradicional para a transformação e armazenagem do leite. É necessário introduzir novas tecnologias e sensibilizar os produtores de leite.

Existe um enorme potencial para o estabelecimento e funcionamento de empresas de lacticínios relacionadas com a produção de iogurte, ghee, coalhada e manteiga nos distritos de Batticaloa e Trincomalee, que produzem grandes quantidades de leite cru. Este leite é transportado dos distritos para Polonnaruwa e transformado em produtos de valor acrescentado por empresas privadas, sendo estes produtos trazidos para a Província Oriental e comercializados aqui. Por conseguinte, os empresários privados devem ser incentivados a iniciar actividades de transformação no Leste, a fim de explorar estes recursos e proporcionar oportunidades de emprego aos jovens da região.

3.13 Propriedade dos produtos lácteos - Género

Os animais leiteiros, tanto bovinos como búfalos, eram maioritariamente (mais de 94%) propriedade de homens em ambos os distritos, enquanto apenas um pequeno número de mulheres (6%) eram proprietárias. Isto foi observado em ambos os distritos e entre grupos étnicos.

Quadro 3.29: Interesse, com base no género, em participar em organizações relacionadas com os lacticínios

Respostas sobre quem tem interesse em participar	Frequência	Percentagem
qualquer pessoa não quis aderir	22	7.0
Masculino	175	55.4
Feminino	63	19.9
ambos, masculino e feminino	50	15.8
sem resposta	6	1.9

| Total | 316 | 100.0 |

Observou-se que mais homens (55,4%) do que mulheres (19,9%) estavam interessados em tornar-se membros de uma organização de produtores de leite.

Tipo de raça tamanho por sexo

Em termos de sexo e posse de diferentes raças de animais leiteiros, verificou-se que os machos possuíam um maior número (10 animais) de animais leiteiros autóctones, enquanto as fêmeas possuíam um maior número (8 animais) de animais cruzados (Quadro 3.8 & 3.9).

Quadro 3.30: Tipo de tamanho da raça, por género

Sexo do proprietário da leitaria	Estatísticas	Dimensão do efetivo indígena	tamanho do efetivo cruzado	dimensão da manada de búfalos
1. Homem	Média	10.44	4.37	8.02
2. Feminino	Média	6.82	8.33	5.00
3. Total	Média	10.29	4.60	7.97

Chapter 4

Conclusões e recomendações

O estudo de base permitiu expor algumas das principais características do sector leiteiro nos distritos de Batticaloa e Trincomalee, na província oriental. Foi também fundamental para identificar certos indicadores de referência do sector leiteiro.

4.1 Conclusões

4.1.1 Características demográficas dos produtores de leite

As pessoas envolvidas nas actividades de produção de leite nas áreas de estudo eram pessoas de meia-idade e com pouca escolaridade. Em geral, um produtor de leite tinha 42 anos de idade, uma família de 5 membros e 5 anos de escolaridade. Este baixo nível de educação pode ter sido a razão para se observar a negligência das boas práticas de gestão da produção leiteira disponíveis.

4.1.2 Propriedade dos produtos lácteos - género e etnia

Os animais leiteiros, tanto bovinos como búfalos, eram maioritariamente propriedade de homens em ambos os distritos, e entre os grupos étnicos; enquanto que apenas um pequeno número de mulheres eram proprietárias. A distribuição étnica das características socioeconómicas não variava muito em relação aos valores ao nível dos DS. A propriedade masculina de animais leiteiros deveu-se ao costume tradicional e à prática de transferência de bens nas zonas rurais.

4.1.3 Sistemas de produção de explorações leiteiras

A maior parte do gado leiteiro e dos búfalos do distrito de Batticaloa encontrava-se nas divisões DS das zonas de Vavunathivu e Eravur-Pattu. Os sistemas de produção de lacticínios geridos eram do tipo de pastoreio ao ar livre, que consistia em pastoreio em floresta aberta ou em terras comuns e num nível muito baixo de alimentação adicional dos animais com concentrado ou palha. Os sistemas de produção leiteira praticados nos distritos de Batticaloa e Trincomalee são predominantemente do tipo "pastoreio ao ar livre", com um nível mínimo de alojamento para os animais. Apenas alguns agricultores adoptaram o sistema semi-intensivo de criação de animais para vacas cruzadas.

A maioria dos proprietários de vacas leiteiras tinha raças tradicionais locais de vacas e búfalos. Havia também alguns agricultores que possuíam vacas de raças cruzadas, que eram fornecidas pelo governo ou por ONGs. O número médio de animais detidos e geridos pelos pequenos produtores de leite variava entre 8 e 10 vacas e 13 e 28 búfalos por agregado familiar. O intervalo médio entre partos dos animais leiteiros era de cerca de 12 meses (11,95 meses) em todas as áreas estudadas, mas variava entre 10,9 e 12,2 meses.

4.1.4 Emprego a nível das explorações agrícolas

O nível de emprego a nível da exploração é também muito baixo devido à tecnologia adoptada. Foram os homens que dominaram a gestão dos animais leiteiros detidos. As mulheres só estavam envolvidas até certo ponto em termos de ordenha e alimentação no sistema de produção semi-intensivo. As oportunidades de emprego têm potencial para se expandirem com a adoção de técnicas agrícolas modernas.

4.1.5 Volume de leite a nível da exploração

A produção de leite variou entre as divisões de DS estudadas em ambos os distritos. No distrito de Batticaloa, o maior volume de produção de leite registou-se na zona de DS de Vavunathivu (22 750 litros/dia), seguida das zonas de DS de Eravur-Pattu (11 190 litros/dia).

A quantidade média de produção de leite por vaca foi de 1,68 a 2,77 litros por dia/animal e de 0,7 a 1,45 litros por dia/animal, durante os períodos de "pico" e de "escassez". Do mesmo modo, a produção de leite por búfala foi de 3 a 7,5 litros por dia/animal e de 0,2 a 1,2 litros por dia/animal, durante os períodos de "pico" e de "escassez". A ordenha de vacas e búfalas ocorre durante cerca de 6 a 9 meses por ano, de janeiro a julho ou até setembro. O pico de produção de leite ocorre durante os meses de junho a agosto. O período médio de lactação é de cerca de 6 meses.

4.1.6 Escoamento e comercialização do leite

A ordenha dos animais era feita principalmente pelos homens, enquanto que o envolvimento das mulheres na ordenha foi registado apenas em algumas áreas. O leite produzido era utilizado para consumo doméstico, transformado em requeijão ou ghee (uma quantidade muito pequena), e um grande volume era vendido a intermediários (colectores) ou aos Centros de Recolha de Leite disponíveis nas zonas de DS.

A qualidade do leite era escassamente avaliada ou avaliada ao nível da exploração, mas nos Centros de Recolha de Leite isso era feito antes do pagamento do dinheiro. O leite com maior teor de gordura era pago a um preço mais elevado. Os colectores de leite das aldeias pagavam aos proprietários dos lacticínios o valor total do leite recolhido em cada casa no final de cada semana ou uma vez em duas semanas.

Os centros de recolha de leite foram encontrados em todas as zonas de DS estudadas. Mas, para a maioria dos proprietários de laticínios, eles estavam localizados a uma grande distância de suas fazendas. Assim, quase todos os produtores de leite vendem o seu leite a intermediários (colectores de aldeia) que vão às suas casas para recolher o leite.

Os colectores de leite das aldeias utilizavam grandes latas de leite (15 a 20 litros de capacidade) para recolher o leite e transportá-lo em bicicletas ou auto-riquixás para os Centros de Recolha de Leite situados nas zonas dos SD em causa. As estradas de acesso ao mercado encontravam-se em muito mau estado, o que dificultava o transporte dos factores de produção e dos produtos (leite) de e para as zonas.

4.1.7 Preço à saída da exploração e valor do leite

Foram observadas variações no preço do leite vendido, com as cooperativas leiteiras pagando Rs.35.87/Lt, e os comerciantes pagando Rs.29.45/Lt. de leite. O preço médio do leite recebido pelas famílias foi de apenas Rs.31.47; enquanto o preço médio no período de pico foi de Rs.33.12/Litro.

O valor do leite produzido por agregado familiar foi, em média, de 294,16 rupias por dia. O valor mais elevado registou-se na zona de DS de Welikanda, onde os animais eram vacas cruzadas, e o valor mais baixo foi de 174,5 rupias por família/dia na zona de DS de Koralaipattu South (Kiran).

4.1.8 Rendimentos do sector leiteiro das famílias

Os rendimentos do agregado familiar com a produção de leite eram muito baixos, Rs.295/HH/dia, o que não era uma atividade lucrativa para o agregado familiar a tempo inteiro. A maior parte do rendimento da atividade leiteira era gasta na compra de alimentos básicos para a família, e um mínimo era gasto com os animais.

4.1.9 Custos de produção

O custo de manutenção de um animal era bastante baixo (Rs.322/HH/mês) devido ao sistema tradicional de gestão praticado.

4.1.10 Organizações de produtores de leite

Existem muitas cooperativas e associações de produtores de leite a nível das aldeias. Mas estas organizações/associações de produtores de leite não são muito eficazes na organização de programas de formação ou de desenvolvimento de competências para os agricultores devido a uma má gestão.

4.1.11 Prestadores de serviços

O DAHP estava a fornecer os serviços veterinários necessários aos produtores de leite em todas as áreas, mas havia deficiências em termos de fornecimento de medicamentos e serviços de IA. Os cirurgiões veterinários estavam disponíveis em todas as áreas do DS para implementar os serviços veterinários e os programas governamentais. As empresas do sector privado e os comerciantes estavam também envolvidos na prestação de serviços aos produtores de leite em relação à comercialização do leite e dos medicamentos.

4.1.12 Desafios e oportunidades para as empresas de lacticínios

Os desafios mais importantes enfrentados pelos produtores de leite nas zonas de GN estudadas são os problemas de doenças dos animais, o baixo nível de nutrição dos animais, a falta de pastagens para alimentar os animais, o acesso limitado a terras de pastagem, a acessibilidade e escassez de água durante os períodos de seca e a deslocação dos animais para outras zonas durante os períodos de cultivo.

Existe um potencial para o estabelecimento de indústrias de transformação para produzir produtos lácteos de valor acrescentado a partir das grandes quantidades de leite produzidas nas áreas estudadas.

Atualmente, o sector financeiro, tanto formal como informal, não satisfaz as necessidades dos pequenos produtores de leite, negando-lhes assim a oportunidade de adoptarem tecnologias modernas de produção leiteira. Embora o governo esteja a implementar um regime de empréstimos para o desenvolvimento da pecuária, o seu acesso pelos pequenos agricultores é limitado.

A produção de produtos lácteos com valor acrescentado é mínima e deve ser abordada imediatamente, uma vez que pode aumentar muito o rendimento das famílias. Existe um potencial muito grande para a produção de iogurte, ghee, coalhada e manteiga a nível das aldeias, o que não é praticado atualmente em grande escala.

Havia uma escassez de instalações de refrigeração para a conservação do leite nas áreas estudadas, e apenas alguns agricultores tinham adotado a utilização de produtos químicos para conservar o leite antes de o transportar para os CCM.

4.2 Recomendações/Estratégias de Intervenção

A organização Land O'Lakes está a implementar um programa de melhoramento do sector leiteiro na província oriental. Este estudo de base fornece algumas recomendações/estratégias a adotar pela LOL para tornar o programa mais eficaz na implementação correcta das intervenções-alvo.

1. Desenvolver uma diretriz comercial prática e eficaz sobre as *Boas Práticas de Gestão dos Produtos Lácteos* (BPGD) para os pequenos produtores de leite.

- sensibilizar os produtores de leite para a qualidade da produção

- adoção de tecnologias modernas no sector do leite e dos produtos lácteos sensibilização

- necessidade de adotar medidas preventivas contra as doenças dos animais

2. Melhorar a disponibilidade e a acessibilidade de vacas de raça alta/cruzada através do estabelecimento de mais explorações de reprodução e da melhoria do acesso à inseminação artificial

-    Estabelecer mais explorações de reprodução com incentivos aos pequenos produtores de leite, através de subsídios, etc., para estabelecerem explorações de reprodução

-    O processo de IA deve implicar a atribuição de um melhor animal ao sistema: O sistema privado de IA deve ser reforçado

-    Introduzir um programa de castração para reduzir a necessidade de touros

3. Reforçar as associações de agricultores para que possam prestar melhores serviços aos agricultores e aumentar o poder de negociação junto dos compradores e fornecedores de factores de produção.

-    Fazer uma avaliação das necessidades das associações/cooperativas existentes

-    Desenvolver um módulo/manual de formação

-    Fornecer formação aos dirigentes das associações/cooperativas de agricultores

4. Promover a transformação de produtos lácteos pelas PME, através do desenvolvimento de boas práticas de fabrico (BPF) e da prestação de melhores serviços de apoio.

-    Ligar os processadores aos prestadores de serviços

-    Obter a ajuda do Conselho Provincial para formular uma política global de promoção do investimento na transformação de produtos lácteos.

5. Melhorar o fornecimento de factores de produção lácteos para a produção e transformação de leite.

-    Organizar uma feira de serviços do sector leiteiro e uma exposição em cada nível de DS.

-    Desenvolver um programa de formação especial em conjunto com os fornecedores de factores de produção do sector privado para formar os fornecedores locais.

-    procurar obter apoio a nível provincial para atrair fornecedores de factores de produção para as províncias.

6. Melhorar a qualidade e a disponibilidade dos serviços prestados ao sector do leite e dos produtos lácteos

-    O sistema de serviços de extensão (DAHP) deve ser melhorado e alargado.

-    Estabelecer várias explorações agrícolas modelo a nível distrital/DS

-	Adotar serviços financeiros para responder às necessidades dos pequenos produtores de leite.

-	explorar a possibilidade de serviços de extensão privados para os produtores de leite.

Devem ser envidados esforços concertados para desenvolver o sector leiteiro na Província Oriental devido ao seu vasto potencial em relação aos recursos pecuários disponíveis, à dotação de recursos naturais e às condições climáticas adequadas. Devem ser formuladas políticas e programas a nível provincial para desencadear imediatamente o processo de desenvolvimento do sector leiteiro.

Referências

Abeygunawardena, H.; D.Rathnayaka e W.M.A.P.Jayathilake (1997).Characteristics of Cattle Farming Systems in Sri Lanka. Journal of the National Science Council, Sri Lanka, 1997 **25** (1):25-38.

Secretariado Distrital do Planeamento (2010); Statistical handbook-2007/2008, Batticaloa District. Secretariado do Planeamento, Kachcheri, Batticalao.

Secretariado Distrital do Planeamento (2010); Informação Estatística para o Distrito de Trincomalee - 2008, Distrito de Trincomalee. Secretariado do Planeamento, Kachcheri, Trincomalee.

EPC (2012). Plano de Desenvolvimento da Província Oriental - Sector da Pecuária. Divisão de Planeamento, Conselho Provincial Oriental, Trincomalee, Sri Lanka.

Ministério do Desenvolvimento Agrícola e dos Serviços Agrários (2007); Política Agrícola Nacional-2007. MADAS, Colombo, setembro de 2007.

MLDRI (1995). *Policy and Programmes.* Uma publicação do Ministério do Desenvolvimento Pecuário e da Indústria Rural (MLDRI), Colombo, Sri Lanka.

Relatório do Subcomité Presidencial. (1997). *Dairy Industry in Sri Lanka: Status, limitations and suggestions for revival.* Subcomité Presidencial para o Sector da Produção e Saúde Animal, Secretariado Presidencial, Colombo, Sri Lanka.

Ibrahim,M.N.M (2000).*Dairy Cattle Production,* Universidade de Peradeniya, Sri Lanka.

Ranaweera, N.F.C.(2007). Improved Market Access and Smallholder Dairy Farmer Participation for Sustainable Dairy Development: Lessons Learned Sri Lanka. Disponível em ftp://ftp.fao.org/docrep/fao/011/ai429e/ai429e00.pdf (Acedido em 14 de novembro de 2012).

DAPH (2009). Estimation of Cost of Production of Milk in Different Agro Climatic Zones of Sri Lanka (Estimativa do custo de produção de leite em diferentes zonas agroclimáticas do Sri Lanka). Divisão de Planeamento e Economia Pecuária, Departamento de Produção e Saúde Animal, Gatambe, Peradeniya, Sri Lanka, dezembro de 2009.

APÊNDICES

Appendix 1- Lista de sítios visitados

Seguem-se os locais visitados pela equipa de estudo para recolher as informações necessárias para o estudo de base nos distritos de Batticalao e Trincomalee.

A.   Distrito de Batticaloa

1.   Divisão de Planeamento, Secretariado Distrital, Batticaloa

2.   District Veterinary Surgeon's Office - Batticalao, Pioneer Road, Batticaloa

3.   Divisional Veterinary Surgeon's Office, Koralai Pattu South, Kiran

4.   Gabinete do Cirurgião Veterinário da Divisão, Koralai Pattu, Valaichchenai

5.   Gabinete do Veterinário Divisional, Eravur Pattu, Chenkalady

6.   Secretariado da Divisão, KoralaiPattu South, Kiran

7.   Secretariado da Divisão, Eravur Pattu, Chenkalady

8.   Secretariado da Divisão, KoralaiPattu North, Vaharai

9.   Divisional Secretariat, KoralaiPattu West, Oddamavady.

B.   Distrito de Trincomalee

1.   Ministério da Agricultura, Terras e Pescas, Conselho Provincial Oriental, Trincomalee

2.   Gabinete do Diretor Adjunto, Planeamento, Agricultura, Terras e Pescas, EPC, Trincomalee

3.   District Veterinary Surgeon's Office - Trincomalee, Inner Harbour Road, Trincomalee

4.   Secretariado da Divisão, Eachchalampattu, Verugal

5.   Secretariado da Divisão, Muthur

6.   Gabinete da União para o Desenvolvimento de Eachchalampattai Pradesha, Eachchalampattai.

7.   Secretariado da Divisão, Muthur.

Appendix 2- Lista de informadores-chave

1.   Dr. Mallika Amirthalingam, Cirurgião Veterinário Distrital, Batticaloa.

2.   Dr. M.M.Nizamudeen, Cirurgião Veterinário Distrital, Trincomalee.

3.   Dr. M. Maheer, Cirurgião Veterinário, Oddamavady VS Range, Oddamavady.

4.   Dr. A. Razeen, Cirurgião Veterinário, Vaharai VS Range, Vaharai.

5.   Sr. T. Amirthalingam, Diretor Adjunto - Planeamento, Distrito de Batticaloa

6.   Sr. S.Balasundram, Diretor - Planeamento, Distrito de Trincomalee

7.   Sr. M. Nizanthan, responsável pelo desenvolvimento da pecuária, Kiran

8.   Sr. S. Nagalingam, responsável pelo desenvolvimento da pecuária, Chenkalady

9.   Sr. M. Koventhiran, responsável pelo desenvolvimento da pecuária, Vaharai

Appendix 3-

Instrumentos de recolha de dados

A. Cálculos da dimensão da amostra e locais de estudo

O tamanho da amostra para o inquérito de base foi calculado com base no Guia de Amostragem da FANTA[3] e foi calculado no Microsoft Excel. O tamanho da amostra foi baseado na fórmula mostrada na Figura 3.2.1.

$$ii - D\ [(Z_\alpha + Zp)^2 * (self + sd_2^2) / (X_2 - Xi)]^2$$

CHAVE:

n =   dimensão da amostra necessária por ronda de inquérito ou grupo de comparação

D =   efeito do delineamento para inquéritos por conglomerados (utilizar o valor por defeito de 2, conforme discutido na Secção 3.4)

Xi =   o nível estimado de um indicador no momento do primeiro inquérito ou para a zona de controlo

X_2 = o nível *esperado* do indicador numa data futura ou para a área do projeto, de modo a que a quantidade $(X_2 - Xi)$ seja a dimensão da magnitude da mudança ou das diferenças entre grupos de comparação que se pretende detetar

sd_1 e sd_2 = desvios-padrão *esperados* para os indicadores das respectivas rondas de inquérito ou grupos de comparação que estão a ser comparados

Z_α = o resultado z correspondente ao grau de confiança com que se pretende concluir que uma alteração observada de dimensão $(X_2 - Xi)$ não teria ocorrido por acaso (significância estatística), e

Zp = o z-score Con esponde ao grau de confiança com que se pretende ter a certeza de detetar uma alteração de dimensão $(X_2 - Xi)$ se esta efetivamente ocorrer (poder estatístico).

Figura 3.2.1 - Fórmula da dimensão da amostra[4]

A dimensão da amostra foi calculada a partir de dados recolhidos num projeto anterior da USAID. Estes dados foram recolhidos ao nível dos agregados familiares dos agricultores e incluíam medidas do número de vacas leiteiras, da produtividade do leite e dos rendimentos familiares dos lacticínios.

---

3 Robert Magnani - Guia de Amostragem - dezembro de 1997 - Projeto de Assistência Técnica em Alimentação e Nutrição (FANTA) Academia para o Desenvolvimento da Educação
4 Este número foi retirado de: Robert Magnani - Guia de Amostragem - dezembro de 1997

As médias e os desvios padrão para estas variáveis foram calculados a partir deste conjunto de dados. A variável do rendimento anual do agregado familiar foi selecionada para calcular a dimensão da amostra. O quadro 3.2.1 mostra a sequência seguida para calcular a dimensão da amostra.

MÉDIA MÉDIA - DETECÇÃO DE ALTERAÇÕES		
Variável	Receitas por ano (UGS)	
Entidade	Agregados familiares	
Amostragem por conglomerados?	n	
D	1	
Média (Referência)	15359.97	
Desvio padrão (Referência)	17601.21	
X1	15359.97	
X2	19967,96 Aumento de 30%	
sd1	17,601.21	
sd2	22,881.58	
1 - alfa	95.0%	
1 - beta	80.0%	
Zalfa	1.645	
Zbeta	0.842	
n: Elementos da amostra (grande população)	242.7	
População finita (N):	4.000,00#	de beneficiários previstos
n/N	6.1%	
n: Elementos da amostra (população finita)	228.8	
n: Elementos da amostra (agregados familiares)	228.8	
Tamanho mínimo da amostra (30)	228.8	
Contingências	10%	
n: Elementos da amostra (agregados familiares)	251.7	
Elementos / HH:	1	
Número de HH	**251.7**	
Número de clusters (30; 30 a 50+)	1	
HH / Cluster (50; 40 a 50)	251.7	
n: Elementos da amostra (HHs)	**251,7** (250 HHs)	
n: Elementos da amostra (HHs) na população	**251,7** (250 HHs)	
n: Elementos da amostra (agregados familiares)	**251,7** (250 HHs)	

Quadro 1 - Estimativa da dimensão da amostra

Assim, a maior dimensão da amostra foi considerada para o inquérito (277). Em seguida, foi considerada uma taxa de desistência de 10% e o número de agregados familiares para a dimensão da amostra foi de 305, que foi arredondado para 310 agregados familiares.

B.Locais de estudo: Distrito, Divisão DS e Aldeia

Distrito	Divisão DS	Nome da aldeia
1. Batticaloa	Manmunai Oeste-	Naripulthottam
	Vavunathivu	Makilavettuwan
		Navatkadu
		Karayakantheevu
		Vilavettuwan
		karavetty
		kanchirankudah
		Pavatkoddichenai
		Ganthinagar
		Panchenai
	Eravur Pattu	Mavali Aaru
	Chenkalady	Chinna pullu malai
		Rajapuram
		Kiththul
		Marappalam
		Palar Chenai
		Thumpalamcholai
		Veppavettuwan
		Koppaveli
		Urukamam
	KP Oeste-	Oddamavady
	KP Central	Valaichchenai
		Rithenne
		Jayanthiyaye
	KP Norte - Vaharai	Kaddimurivu
		Andankulum
	KP Sul - Kiran	Pulipainthakal
		Anlayadichenai
		Kudamunai
		Vahaneri
2. Trincomalee	Cadachalampattai-Verugal	Eachchilampattai
		Udappukanne
		Chinnakulam
		Vinayakapuram
		Mavadichchenai
	Muthur	Kilivetty
		Bharathipuram
	Kantalai	Peraru Sul
		Peraru Norte
3. Polonaruwa	Welikanda	Mahulpuna
	Welikanda	Mahinthagama
	Welikanda	Aselapura
	Welikanda	Menikdeniya
	Welikanda	Navamanitheniya, Ruwampitiya, Uthuchenai,Namalkama,Mancholai

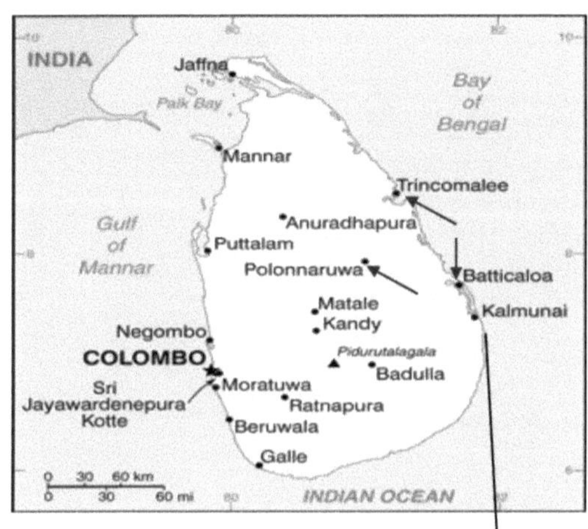

INDIA
Jaffna
Paik Bay
Bay
of
Bengal
Mannar
Trincomalee
Gulf
of
Mannar
Anuradhapura
Puttalam
Polonnaruwa
Batticaloa
Matale
Kandy
Kalmunai
Negombo
COLOMBO
Pidurutalagala
Badulla
Sri
Jayawardenepura
Kotte
Moratuwa
Ratnapura
Beruwala
Galle
INDIAN OCEAN
0   30   60 km
0   30   60 mi

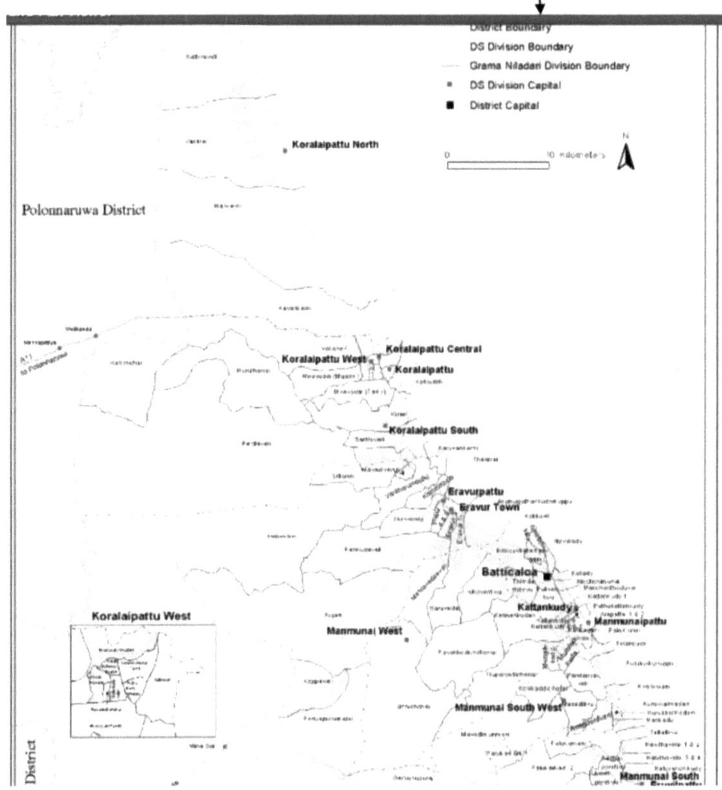

District Boundary
DS Division Boundary
Grama Niladari Division Boundary
DS Division Capital
District Capital
Koralaipattu North
N
0   10 Kilometers
Polonnaruwa District
Koralaipattu Central
Koralaipattu West
Koralaipattu
Koralaipattu South
Eravurpattu
Eravur Town
Batticaloa
Kattankudy
Manmunaipattu
Manmunai West
Koralaipattu West
Manmunai South West
Manmunai South
District

Printed by Books on Demand GmbH, Norderstedt / Germany